幸福兔的羊毛氈大冒險

暢銷版
高階 3-3

● 附七種動物100%原尺寸版型

● 活潑生動的故事劇情、搭配簡單易懂的教學
輕輕鬆鬆製作出可愛的羊毛氈療癒作品！！

愛幸福文創設計　余小敏◎著

作品尺寸高9公分

愛幸福羊毛

羊毛氈專用
木製單針握柄

羊毛氈專用
三針/五針握柄

羊毛氈是以專用的戳針、反覆戳刺羊毛、讓羊毛纖維互相纏繞打結而變硬、戳刺的次數越多作品越紮實、次數少則較為蓬鬆、只要依循這個原理、瞭解羊毛特性就能製作出許多紓壓、可愛又療癒的作品呦！

愛幸福羊毛/色號/需要份量

29 茶色/5g

04 粉紅色/1g

27 焦茶色羊毛/1g

38 黑色/1g

02 紅色/1g

31 米白色/20g

準備工具

羊毛氈專用戳針/粗/中/細各一
針頭有鋸齒倒勾設計的專用戳針。

粗針 可快速固定羊毛的基本針、戳完效果較粗獷、戳痕較明顯、需搭配中針、細針修整。

中針 可快速固定羊毛但戳痕較明顯需搭配細針修整戳痕。

細針 留下的戳痕較小、主要用於細節及完成前的精緻化作業。

羊毛氈專用三針握柄
可加快三倍針氈速度、戳完的地方較緊實。

羊毛氈專用五針握柄
可加快五倍針氈速度、戳完的地方較平整蓬鬆、針的周圍透明壓克力設計、可保護手指被針戳傷。

羊毛氈專用
高密度工作墊

5mm眼睛

羊毛氈專用高密度專用工作墊
針氈羊毛時、用來墊在下方的工作墊、可以均衡下刺的力度並可保護針頭損壞變形。

手工藝用剪刀
裁剪羊毛修飾成品時使用。

羊毛氈專用指套
進行戳氈作業時、用來保護手指的指套。

手工藝專用白膠/少量
固定眼睛時使用。

5mm眼睛/2個

手工藝用剪刀

手工藝用剪刀

羊毛氈專用指套

- 請務必在工作墊上進行戳刺作業、可避免戳傷手指和造成戳針損壞。
- 戳針戳入後須以相同方向拉出。
- 以上工具、材料可至以下網址購買：
  shopee.tw/mimiyu0315

製作頭部

頭
（正面）

頭
（側面）

版型比列為1:1
製作時請反覆比對。

1 對照頭部版型的長度撕取所需要的羊毛。

2 將羊毛捲到比1:1版型略大一點。

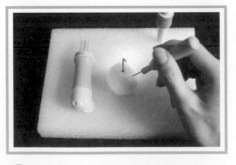

3 不斷翻轉羊毛同時用粗針、中針不斷戳、製作時請反覆對比1:1比列版型、若偏小則再加羊毛繼續戳大。

4 最後形成一個緊實的球體。

製作嘴巴

嘴巴上半側（1個）
淺米色少許

（正面）　（側）

嘴巴下半側（1個）
淺米色少許

厚3mm

製作耳朵

1 耳朵須先參照版型大小製作、以淺咖啡色羊毛作出帶有蓬鬆感的基體後再分次少量的戳上米色羊毛。

耳朵（2個）
淺咖啡 少許

厚5mm

將內側戳上
淺米色羊毛

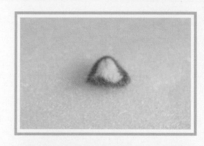

製作舌頭

舌頭（1個）
紅色＋粉紅色混色
（少許）

厚3mm

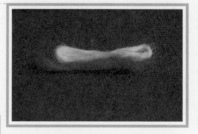

1 撕取等量的紅色和粉紅色羊毛重疊在一起。

2 將兩色重疊後重複拉開動作讓羊毛混合。

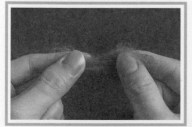

製作身體 ·

身體（1個）
填充羊毛　約8g

版型比列為1:1
製作時請反覆比對。

（正面）

頭部側

（側面）

腹部側

1　對照頭部版型的長度撕取所需要
的羊毛。

2　從下端開始紮實地捲起、並在捲
起過程中分次戳羊毛。

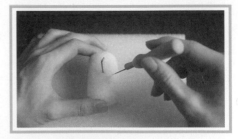

3　參照版型大小、形狀不夠的部分可將羊毛撕成小塊的慢慢補足成圓柱狀。

4　集中戳左上側和右下側、將圓柱修整成平行四邊形（版型側面）。

5 撕小塊的羊毛加在下半部、增加下半部的寬度（版型正面）。

6 參照版型正面、修整塑形。

製作前腳

前腳（2個）
淺米色（少許）

厚1.5mm

1 撕取少量淺米色羊毛。

2 以版型兩倍以上的長度撕下羊毛後對摺。

3 先從弧形的邊端開始戳。

4 刺出腳掌形狀。

5 沿著形狀分次追加少量羊毛。

製作
身體

製作後腳

後腳（2個）
淺米色少許

厚7mm

製作尾巴

尾巴（1個）
淺尾巴咖啡少許

正面 & 側面
厚度相同

準備好各零件、共12件

接合身體和前腳

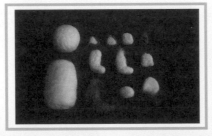

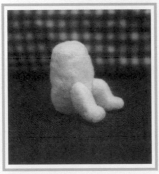

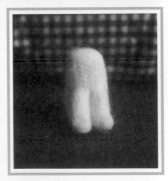

1 整理前腳上方的軟毛、參照書上作品照片對準與身體的接合處固定。

2 相同作法接合另一隻腳。

3 在接合處加上少量淺米色羊毛將凹陷形狀補到平整。

作出胖胖的大腿

1 撕取少量淺米色羊毛、摺成胖大腿的形狀固定。　**2** 雙腳接縫處平整。

 接合身體和後腳

1 整理後腳上方的軟毛、參照成品圖對準與身體的接合處固定。

2 在接合處加上少量淺米色羊毛將凹陷形狀補到平整。

 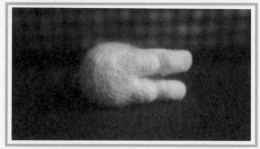

3 後腳接縫處平整。

 接合身體和頭部 --

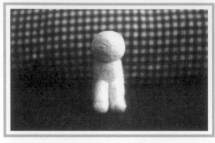 

1 將頭部對準身體上方接合處固定。

2 在接合處加上少量淺米色羊毛將凹陷形狀補到平整。

3 補到平整後在胸前加上米白色羊毛、作出微微蓬起的感覺。

 頭部和嘴部接合 --

1 參照成品圖、找到嘴巴位置固定。 **2** 固定下半側時稍微彎起並對齊上半側。

3 在嘴部下緣加上少量淺米色羊毛讓凹陷更平整、更固定。

耳朵接合

1 用手捏出耳朵造型、讓軟毛向頭部後側攤開、以戳針戳刺固定相同作法接合另一隻耳朵。

2 在接合處加上少量淺米色羊毛、以戳針戳刺固定。

 在頭部和身體加上淺咖啡色

1 參照成品圖在頭部與身體鋪上薄薄一片咖啡色羊毛固定。

2 加上咖啡色羊毛固定。

3 拉鬆淺米白色羊毛後戳固定在淺咖啡色和淺米白色交接處讓兩色形成自然融合效果。

 加上鼻子 --

1 取少量黑色羊毛、放在工作墊上輕輕戳出鼻子形狀（倒三角形）。

2 放在嘴部與鼻頭位置固定。

加上鼻子下方線條和嘴線 --------------------------------

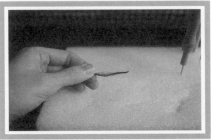 

1 將黑色羊毛、以手指捻成細線。　　**2** 放在嘴部與鼻頭的位置固定。

4 仔細固定調成直線條。　**5** 以相同作法做出下嘴線、嘴角兩端較細。

加上舌頭

1 將舌頭戳固定在嘴巴中間、用力戳刺出舌頭中線、讓中間形成凹線。

 加上眼睛

1 找到眼睛位置、先用筆畫上記號、再用戳針或錐子戳出一個小洞將眼睛置入。

 加上耳朵內側顏色

1 在耳朵內側位置加上焦茶色。

製作腳尖上抓線

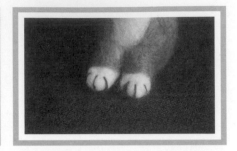

1 取少量焦茶色羊毛、用手指捻成細線後、戳刺固定成爪線、並剪去多餘的線條、一腳三條爪線、前後腳作法相同。

加上尾巴

1 找到尾巴位置、讓尾巴上軟毛向臀部後側攤開、以戳針戳刺固定。

2 在接合處加上少量咖啡色羊毛讓凹陷平整、固定、同時修整外觀。

3 在尾巴弧線外側加上淺米白色羊毛、與底部顏色有連結感。

● 以下商品可至以下網址購買：shopee.tw/mimiyu0315

漢字練習 壹
國字筆畫順序學習簿
一套四本/定價299元

漢字練習 貳 國字筆畫順序學習簿
鋼筆專用紙
一套兩本/定價149元

幸福兔行事曆
鋼筆專用紙
定價149元

幸福兔筆記本
鋼筆專用紙
一本/定價149元

幸福兔的羊毛氈大冒險 高階 3-3

作　　　者　余小敏
美編設計/攝影　余小敏
發　行　人　愛幸福文創設計
出　版　者　愛幸福文創設計
　　　　　　新北市板橋區中山路一段160號
　　　　　　發行專線　0936-677-482
　　　　　　匯款帳號　國泰世華銀行（013）
　　　　　　　　　　　045-50-025144-5
代　理　商　白象文化事業有限公司
　　　　　　401台中市東區和平街228巷44號
　　　　　　電話　04-22208589

印　　　刷　卡之屋網路科技有限公司
初版一刷　2020年4月
定　　　價　一套三本　新台幣299元

✿ 蝦皮購物網址
　shopee.tw/mimiyu0315

✿ 若有大量購書需求，請與客戶服
　務中心聯繫。

客戶服務中心
地　　　址：22065新北市板橋區中
　　　　　　山路一段160號
電　　　話：0936-677-482
服務時間：週一至週五9:00-18:00
E-mail：mimi0315@gmail.com

幸福兔和他的好朋友

羊毛氈大魔王將幸福兔的好朋友全都隱形了
沒有朋友的日子就像沒了好心情
跟著幸福兔、一起來場羊毛氈大冒險吧！！

可愛小動物
超療癒！

親手
做禮物～

羊毛氈
好紓壓喔～

這一關 要拯救：

幸福柴犬
孝順的柴犬、最
喜歡和家人、朋
友一起吃飯！

享受手作
的樂趣～

跟著做就
好了呦！

羊毛氈
充滿溫度
的觸感

《幸福兔的羊毛氈大冒險（1套3本）》

NT$299
代理經銷：白象文化事業有限公司
一套三本 定價299元